Leon Rodney Kenny
Tabukeli Musigi Ruhiiga

Restrições de capacidade na cadeia de resíduos das cidades mineiras da África do Sul

Leon Rodney Kenny
Tabukeli Musigi Ruhiiga

Restrições de capacidade na cadeia de resíduos das cidades mineiras da África do Sul

ScienciaScripts

Imprint

Cover image: www.ingimage.com

This book is a translation from the original published under ISBN 978-620-2-31522-7.

Publisher:
Sciencia Scripts
is a trademark of
Dodo Books Indian Ocean Ltd. and OmniScriptum S.R.L publishing group

120 High Road, East Finchley, London, N2 9ED, United Kingdom
Str. Armeneasca 28/1, office 1, Chisinau MD-2012, Republic of Moldova, Europe
Printed at: see last page
ISBN: 978-620-8-07180-6

RESUMO

O estudo foi realizado para descrever as limitações de capacidade na cadeia de resíduos das cidades mineiras secundárias da África do Sul. Os municípios selecionados foram

Matlosana na província do Noroeste, Merafong na província de Gauteng, eMalahleni na província de Mpumalanga e Matjhabeng na província de Free State. Um sistema típico de gestão de resíduos sólidos num país em desenvolvimento tem uma série de limitações. Estas incluem uma baixa taxa de recolha, serviços irregulares de recolha de resíduos, descargas grosseiras a céu aberto, incineração sem controlo da poluição do ar e da água, proliferação de moscas e vermes e tratamento e controlo de catadores e recolhedores informais. A intensidade destas restrições varia de zona para zona e de cidade para cidade. Num segundo nível, a própria cadeia de resíduos é simultaneamente um sistema físico-técnico e um sistema social. Neste sentido, as restrições específicas estão relacionadas com os fluxos de materiais ao longo da cadeia, bem como com as componentes de gestão e de recursos humanos da prestação de serviços. Os resultados deste estudo indicam que estes constrangimentos estão diretamente relacionados com preocupações de saúde pública, ambientais e de gestão de resíduos e podem ser classificados em constrangimentos técnicos, financeiros, institucionais, económicos e sociais. Estes factores têm um impacto negativo no desenvolvimento de sistemas eficazes de gestão de resíduos.

Palavras-chave: limitações de capacidade; limitações económicas; limitações financeiras; limitações institucionais; limitações sociais; gestão de resíduos;

Capítulo 1 Introdução

Na África do Sul, todos os anos são deitados fora 566 milhões de toneladas de resíduos (Oelofse, 2012), grande parte dos quais acaba em aterros sanitários. Os resíduos que são levados para os aterros todos os dias são compactados para reduzir o seu volume e prolongar a vida útil do aterro. Por conseguinte, os resíduos são cobertos com terra no final de cada dia para evitar mais contacto com o ar, mantendo-os relativamente secos e desencorajando os animais de os remexerem. Alguns aterros geralmente só aceitam resíduos não perigosos, enquanto alguns aterros especializados também aceitam resíduos perigosos (Nahman e Godfrey 2010). Os municípios responsáveis pela eliminação geral de resíduos enfrentam desafios crescentes que afectam tanto a presença como a qualidade destes serviços (Butler e Zacharat, 2012). Muitos aterros sanitários na África do Sul registaram um declínio nas normas operacionais e na conformidade regulamentar nos últimos anos. A baixa prioridade dada aos resíduos pelos municípios pouco contribui para atenuar este problema atual com o seu potencial impacto na saúde humana e no ambiente. Em 1998, a produção de resíduos na África do Sul ascendia a 533 milhões de toneladas por ano, sendo a maior parte constituída por resíduos mineiros (Godfrey e Scott, 2012). Os resíduos domésticos e comerciais representavam 1,5 % e as lamas de depuração 0,1 %. A produção per capita de resíduos urbanos difere significativamente entre os grupos de rendimento, com os grupos de rendimento baixo, médio e alto a produzirem 0,41, 0,74 e 1,29 kg por dia, respetivamente. No entanto, a existência de serviços de resíduos inadequados é uma realidade na África do Sul (Hovde et al., 2010). Como há provas de uma forte correlação entre o produto interno bruto de um país e a produção de resíduos, um maior crescimento económico na África do Sul levará a um aumento do consumo de bens e serviços e, por conseguinte, a um aumento da quantidade de resíduos produzidos.

e, consequentemente, a um aumento da quantidade de resíduos que têm de ser recolhidos, tratados e eliminados (Zurbrugg e Aristani, 2011).

Prevê-se que a produção de resíduos na África do Sul aumente a uma taxa projectada de 2-3% por ano devido ao crescimento populacional e económico (SAWIS, 2013). O Inquérito Geral aos Agregados Familiares (StatsSA, 2012) concluiu que 39% dos agregados familiares, ou 50% da população sul-africana, não recebem recolha regular de resíduos urbanos, tendo a recolha de resíduos urbanos melhorado apenas 2,7% entre 2006 e 2010 (Oelofse, 2012), enquanto um estudo governamental de 2007 concluiu que 54% do atraso nacional na prestação de serviços de resíduos se verificava nos municípios metropolitanos e secundários (Miranda et al, 2011). A Figura 1 mostra os aterros sanitários legais na África do Sul e pode ser visto a partir da figura que a província de Gauteng tem o maior número de aterros sanitários legais e a província do Noroeste tem o menor número.

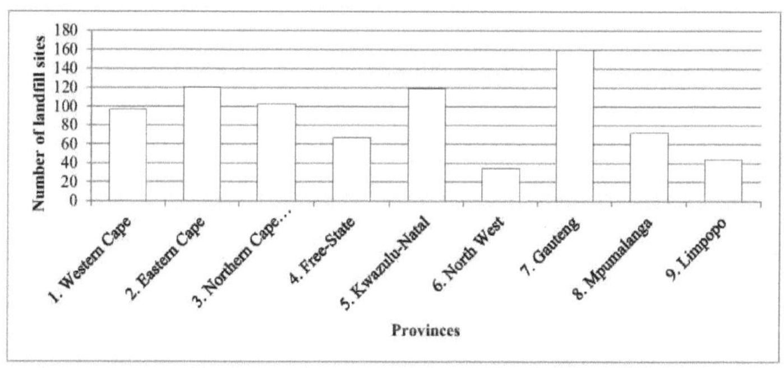

Figura 1: Aterros legais por província: África do Sul (DEA, 2012)

Embora se reconheça que existem muitos aterros bem geridos na África do Sul que estão em conformidade com as melhores práticas internacionais, apenas 817 dos 1496 aterros conhecidos estão autorizados por licenças e, dos que estão autorizados, as condições da licença raramente são inspeccionadas. Pensa-se que mais de 90% dos aterros não autorizados são aterros municipais (Nahman, 2010).

Por conseguinte, o maior infrator em termos de cumprimento das normas relativas aos aterros parece ser os municípios. A Tabela 1 mostra o número de instalações de eliminação de resíduos autorizadas na África do Sul. As instalações de resíduos perigosos têm a percentagem mais elevada de autorizações, enquanto as instalações de reciclagem e de resíduos de cuidados de saúde têm o estatuto de autorização mais baixo.

Quadro 1 Estatuto de autorização das instalações de eliminação de resíduos

Landfill type	No. of facilities	No. of permitted facilities	Percentage of legal facilities
Inert waste	1419	776	43.56%
Hazardous waste	77	41	53.25%
Health care waste	12	4	33.33%
Recycling facilities	9	2	22.22%
Transfer stations	35	12	34.29%
Total	1552	835	

Uma pesquisa realizada pelo CSIR em 2008 (Oelofse, 2012) identifica quatro desafios fundamentais que os municípios enfrentam em relação à gestão de resíduos. Estes incluem finanças, equipamento, gestão de pessoal e comportamento institucional. No entanto, estes não devem ser vistos como desafios, mas sim como sintomas de uma série de constrangimentos subjacentes que precisam de ser resolvidos (Watson et al., 2012). Os municípios citam a falta de recursos orçamentais adequados como um grande obstáculo. No entanto, não é claro se a falta de investimento em instalações de tratamento de resíduos se deve a restrições orçamentais ou ao facto de não se reconhecer o papel que essas instalações desempenhariam na minimização dos resíduos. Os constrangimentos subjacentes incluem frequentemente a limitação dos orçamentos municipais, a ineficácia da recuperação dos custos da deposição em aterro, os atrasos na conclusão dos orçamentos municipais, o vandalismo e/ou o roubo de infra-estruturas, a redução dos orçamentos operacionais e a utilização ineficaz do equipamento e do pessoal (Mudau et al., 2013). A atual escassez de mão de obra qualificada, particularmente no sector da gestão de resíduos, combinada com a elevada rotação de pessoal nos municípios, constitui um desafio adicional à gestão sustentável dos resíduos (Achillas e Banians, 2011). Os resíduos têm impactos diretos e indirectos na saúde humana e nos ecossistemas, incluindo a poluição das águas superficiais e subterrâneas. Além disso, as emissões de metano provenientes dos resíduos contribuem em cerca de 2% para o perfil das emissões de gases com efeito de estufa da África do Sul. Estes impactos poderiam ser significativamente reduzidos através de melhores práticas de gestão de resíduos (Oelofse, 2012).

As várias fases da hierarquia de gestão de resíduos (HGR) constituem a base da gestão de resíduos do berço ao túmulo; esta abordagem tem por objetivo reutilizar ou reciclar um produto no fim da sua vida. Desta forma, torna-se a matéria-prima para novos produtos e materiais. Este ciclo repete-se até que o mínimo possível do produto original entre na fase seguinte do fluxo de resíduos. Durante a reciclagem, certos componentes e materiais são recuperados ou os resíduos são utilizados como combustível. Como último recurso, os resíduos são tratados e eliminados ao nível mais baixo da hierarquia, consoante o método de eliminação mais seguro. Se a quantidade de resíduos não puder ser reduzida durante a produção, o objetivo da aplicação da hierarquia dos resíduos é utilizar os resíduos como um recurso e desviar esses potenciais recursos dos aterros (Barlaz, 2010). Embora a deposição em aterro seja amplamente considerada como a forma mais rentável de gerir os resíduos, este ponto de vista não tem em conta os impactos ambientais dos aterros, os custos de desenvolvimento e manutenção de capacidade adicional de aterro para fazer face à taxa crescente de eliminação de resíduos e os custos de encerramento e reparação de aterros (Elena e Tross, 2011).

Na África do Sul, a posição oficial é que todos os municípios do país estão conscientes dos princípios básicos da gestão de resíduos sólidos urbanos e que existem estratégias para garantir a minimização dos resíduos desde a produção até à eliminação final. No entanto, na prática, apesar de um conjunto impressionante de livros brancos e legislação ambiental, existem atualmente poucas provas que sugiram que existe realmente um movimento geral no sentido de alcançar os objectivos de longo prazo da minimização de resíduos (Oelofse, 2012). Além disso, há uma pressão crescente sobre as infra-estruturas de gestão de resíduos, que estão a envelhecer, à medida que o nível de investimento e de manutenção diminui (Bilitewski, 2008). A gestão de resíduos sofre de uma subavaliação generalizada, o que significa que os custos da gestão de resíduos não são totalmente apreciados pelos consumidores e pela indústria e que a eliminação de resíduos é favorecida em detrimento de outras opções. Há poucas opções de tratamento de resíduos disponíveis para a gestão de resíduos, o que a torna mais cara do que os custos de deposição em aterro. Além disso, há muito poucos aterros adequados e instalações de eliminação de resíduos perigosos, o que dificulta a eliminação segura de todos os fluxos de resíduos (Mudau et al., 2013). Devido à natureza complexa de muitos programas de minimização de resíduos, que englobam todos ou vários aspectos da gestão integrada de resíduos, com destaque para a prevenção de resíduos, e ao papel tradicional dos municípios, que se limitam a fornecer gestão e tratamento de resíduos em fim de ciclo para gerar receitas, os governos locais raramente têm uma vasta experiência em matéria de minimização de resíduos, nem fornecem capacidades e competências humanas suficientes neste domínio. Em particular, quando os programas de gestão de resíduos se destinam à indústria e ao comércio, os municípios normalmente não dispõem dos recursos humanos ou das competências necessárias para ir além do tradicional "controlo da poluição", por exemplo, através da aplicação de leis e taxas para a eliminação de resíduos (CSIR, 2011).

Nos seminários provinciais de reciclagem realizados em Pretória em 2013, foram identificados os seguintes desafios em matéria de minimização de resíduos (DEA, 2014). O acesso limitado aos mercados continua a ser um desafio para os materiais recicláveis, como o vidro, os jornais e revistas, o papel e o cartão. As províncias de Free State, North West e Mpumalanga estão em desvantagem devido ao facto de se encontrarem longe das instalações de reciclagem em Gauteng. O governo não incentiva a reciclagem, uma vez que não exige a compra de produtos reciclados nos seus procedimentos de aquisição (Tam, 2009). Os preços dos produtos recicláveis também flutuam consideravelmente, o que levou ao desaparecimento de muitas empresas de reciclagem. Existe a preocupação de que a falta de concorrência no sector da reciclagem possa conduzir a práticas monopolistas (Hunga, 2009). É necessário criar novos mercados para os materiais recicláveis que ultrapassem o domínio das grandes empresas de reciclagem existentes, como a SAPPI, a Mondi e a Collect-a-Can. As autoridades locais têm uma capacidade limitada para apoiar a triagem na origem. Isto deve-se ao facto de um programa deste tipo exigir a remodelação dos contentores, dos contentores de rua, dos veículos especiais para o lixo e até dos contentores a granel (NEMA, 2002). A maioria das autoridades locais não dispõe das infra-estruturas necessárias para reciclar os resíduos nos seus aterros. Mas mesmo que isso fosse possível, não faz sentido do ponto de vista económico, uma vez que tal prática conduz a distorções nos preços. A nível municipal, há falta de competências e de capacidade no domínio da gestão de resíduos e, em especial, da minimização, reciclagem e reutilização de resíduos. As limitações de capacidade nos municípios devem-se claramente às práticas de recrutamento no sector público e não à falta de pessoal qualificado no país. Os departamentos de saúde ambiental podem ajudar com uma formação adequada, utilizando os seus inspectores sanitários para auxiliar no processo de gestão de resíduos (Kinnaman, 2013). Devem ser exploradas parcerias públicas e privadas com a indústria e as grandes empresas de reciclagem. As questões de segurança também desempenham um papel importante, uma vez que alguns materiais recicláveis, como os plásticos, a borracha, os têxteis e os resíduos, são inflamáveis e os recicladores têm de garantir a segurança dos seus trabalhadores (Manning, 2013). Não existem incentivos fiscais diretos para a reciclagem, como acontece em alguns países estrangeiros, como o Canadá, onde esses incentivos fiscais são concedidos aos produtores que reciclam matérias-primas. No entanto, algumas províncias já dispõem de edifícios industriais que se encontram devolutos desde o colapso da industrialização nacional, na sequência da eliminação dos incentivos em 1995. Como estes são propriedade dos governos provinciais, poderiam ser utilizados como incentivo para atrair potenciais investidores. Os países em desenvolvimento, como a África do Sul, devem considerar métodos e tecnologias alternativos de eliminação de resíduos. A diminuição dos terrenos disponíveis para aterros, a pressão dos políticos e dos grupos ambientalistas, bem como a procura de energia, estão a obrigar-nos, enquanto nação, a investigar métodos alternativos e a desenvolver novas estratégias (Bosmans et al., 2013). À medida que a economia se desenvolve, o mesmo acontece com a quantidade de resíduos gerados e a complexidade da mistura de resíduos. A compostagem, a reciclagem, a reutilização e a redução de resíduos são partes integrantes de qualquer sistema de gestão de resíduos sólidos, sendo a recuperação de energia um passo seguinte lógico. É evidente que existem várias opções para a gestão de resíduos sólidos, mas algumas das opções tecnologicamente mais avançadas têm sido fortemente criticadas por grupos ambientalistas. Para colmatar estas lacunas, são necessários controlos dispendiosos das emissões e da poluição. Este facto torna a implementação destas opções demasiado dispendiosa, especialmente em países em desenvolvimento como a África do Sul, onde há sempre falta de conhecimentos técnicos e dos sistemas de apoio necessários. Assim, os aterros são o único método de eliminação rentável, pelo que a atenção deve centrar-se nestes locais. No entanto, os efeitos prejudiciais para o ambiente e a pura insustentabilidade da deposição em aterro exigem alternativas sustentáveis e métodos complementares.

Os municípios sul-africanos são responsáveis pela recolha, transporte, tratamento e eliminação dos resíduos sólidos. Para poderem prestar estes serviços, os municípios têm de gerar fundos e dependem, em parte, das taxas e impostos pagos pelos residentes e empresas da área municipal. Os municípios não só têm de cumprir as leis nacionais e provinciais relativas à eliminação de resíduos, como também são obrigados por lei a prestar serviços básicos gratuitos aos pobres. Estes condicionalismos determinam em grande medida quais os métodos alternativos de eliminação de resíduos mais adequados, práticos e sustentáveis. A necessidade de reduzir a quantidade e o tipo de resíduos depositados em aterros é inegável, tanto do ponto de vista ambiental como ético.

Capítulo 2 Antecedentes

Os países com rendimentos elevados mostram que a gestão dos resíduos sólidos depende essencialmente de cinco factores. O primeiro e o segundo factores da gestão de resíduos sólidos são a saúde pública e o ambiente. Estes dois factores estão consagrados na Constituição da África do Sul, n.º 108 de 1996. A secção 24 refere a necessidade de promover a proteção das gerações presentes e futuras. O terceiro fator é a escassez de recursos, que leva os decisores políticos a criar quadros jurídicos que protejam o ambiente da exploração. O quarto fator é a mudança climática, que está a causar uma preocupação global com os resíduos que têm um impacto significativo no ambiente natural. O interesse público e a educação sobre a gestão ambiental desempenham um papel importante na eficácia da gestão de resíduos e, por conseguinte, as estratégias que apoiam os princípios da hierarquia dos resíduos exigem uma mudança comportamental (Marshal et al., 2013).

A legislação em matéria de saúde pública continua a orientar a gestão de resíduos na era moderna. A primeira prioridade dos municípios é recolher e remover os resíduos das imediações das zonas residenciais (Wilson, 2007). Uma vez removidos os resíduos, as prioridades passam para outros aspectos da cadeia de gestão de resíduos, como a expansão dos aterros (Seadon, 2006). No entanto, a eliminação era largamente regulamentada e controlada e consistia na deposição em aterro e na incineração. A tónica continua a ser colocada na recolha e no transporte de resíduos das zonas residenciais para os aterros (Ehrenfeld e Gertler, 2007).

Após a Segunda Guerra Mundial, a deposição em aterro continuava a ser o principal método de eliminação de resíduos, e o rápido aumento do consumo a partir de 1960 conduziu a um maior fluxo de resíduos urbanos com um teor mais elevado de plástico (Wolsink, 2011). Por último, o movimento ambientalista das décadas de 1960 e 1970 colocou a eliminação de resíduos na agenda política dos países industrializados (Wilson, 2010), alterando significativamente a forma como os decisores políticos encaravam a eliminação de resíduos. Surgiu nova legislação sobre a poluição da água e a eliminação de resíduos, inicialmente com o objetivo de eliminar as descargas não controladas, e as normas ambientais foram subsequentemente aumentadas para reduzir a poluição do solo, do ar e da água (Bingemer et al., 2011). O movimento ambientalista foi um dos principais motores das mudanças políticas a partir da década de 1970. As políticas de gestão dos resíduos sólidos urbanos da década de 1970 até meados da década de 1980 centraram-se no controlo dos resíduos e, por conseguinte, caracterizaram-se por medidas como a cobertura e a compactação diárias dos aterros e a adaptação das incineradoras para controlar as poeiras. Na década de 1990, a política integradora ganhou muita atenção, pois tornou-se claro que não bastava defender uma proteção ambiental cada vez maior - era necessária uma abordagem regulamentar integradora que englobasse não só os elementos técnicos e ambientais, mas também os elementos políticos, sociais, financeiros, económicos e institucionais da gestão de resíduos, para que a proteção ambiental fosse concretizada (McDougall et al., 2011).

Nos tempos pré-industriais, os recursos eram relativamente escassos. Tudo o que podia ser utilizado no fluxo de resíduos era recolhido e os bens de consumo eram reutilizados e reparados em vez de serem deitados para o fluxo de resíduos. Com o crescimento das cidades durante a revolução industrial, o valor dos resíduos em termos de recursos voltou a aumentar e os recolhedores recolheram, utilizaram e venderam materiais do fluxo de resíduos - uma atividade que continua hoje em dia em muitos países em desenvolvimento. No entanto, as taxas de reciclagem caíram dos elevados níveis da era pré-industrial para um único dígito (Wilson, 2007), uma vez que este período registou um enorme aumento do consumo, um aumento da comercialização de bens e pouca atenção à utilização dos recursos. A disponibilidade de terrenos e o seu valor como recurso foram, por conseguinte, em certa medida, um fator de afastamento dos aterros, embora a escassez de terrenos tenha conduzido principalmente a novas opções de tratamento, como a incineração. A hierarquia dos resíduos desencadeou uma transição maciça do pensamento de fim-de-linha para o pensamento de prevenção, que foi acompanhada por uma variedade de novos termos e formulações.

As alterações climáticas têm sido uma força motriz para a proteção do ambiente desde o início da década de 1990, levando a um afastamento da deposição em aterro dos resíduos biodegradáveis, que é uma importante fonte de emissões de metano, e a uma maior concentração na valorização energética dos resíduos (Oelofse, 2012). Este fator foi desencadeado pela preocupação global com as alterações climáticas, que levou a pressões e lobbies em todo o mundo. Este motor conduziu a uma fase política centrada na prevenção de resíduos e no cumprimento de objectivos, caracterizada por uma série de medidas políticas preventivas, incluindo legislação e objectivos para metas de compostagem e reciclagem, desvio de aterros, responsabilidade alargada do produtor e proibições de deposição de materiais recicláveis em aterros (Wilson, 2007). Medidas como a Diretiva "Aterros" da UE exigem uma redução da quantidade de material biodegradável enviado para os aterros, a fim de recuperar materiais valiosos e reduzir as emissões de metano. Esta medida fez aumentar ainda mais as taxas de reciclagem e compostagem, que estão a aumentar nas cidades que estão a modernizar os seus sistemas de resíduos. No entanto, uma vez que a ação no domínio das alterações climáticas só pode ter um impacto significativo se a maioria dos países aderir a este objetivo, não há qualquer benefício nacional imediato da redução das emissões de gases com efeito de estufa. Esta é a principal fraqueza deste motor e uma das principais razões pelas quais é tão difícil chegar a um consenso sobre um acordo pós-2012 para reduzir os níveis de dióxido de carbono.

A preocupação e a consciencialização do público também têm desempenhado um papel importante na gestão dos resíduos nos países de rendimento elevado. As más práticas do passado, como as lixeiras incineradoras e os incineradores poluentes, levaram a percepções públicas negativas das novas estratégias de gestão de resíduos sólidos (Wilson, 2007). Consequentemente, as percepções negativas das instalações anteriores levaram as comunidades a resistir a propostas de novas instalações de gestão de resíduos. Os comportamentos insustentáveis também inibem a evolução para uma melhor gestão dos resíduos. Por conseguinte, as estratégias que incluem mais reciclagem, reparação, reutilização, compostagem doméstica e consumo sustentável exigem uma mudança de comportamento (Wilson, 2007), que Jackson (2005) defende ser fundamental para qualquer estratégia de desenvolvimento sustentável. Os sistemas que moldam os padrões de atividade do público criam barreiras complexas ao comportamento sustentável. Muitas pessoas não conseguem fazer uma escolha informada porque estão presas em padrões insustentáveis causados por hábitos, rotinas, falta de conhecimentos, estruturas institucionais e desigualdades de acesso, expectativas sociais e valores culturais (Jackson, 2005). A prestação de serviços de gestão de resíduos, incluindo o armazenamento, a recolha e o transporte, é a principal interface entre o público e os prestadores de serviços de resíduos. A escala e a forma da prestação de serviços de resíduos aos agregados familiares e às empresas também têm um impacto direto em todos os níveis da hierarquia de gestão de resíduos. A prestação de serviços de gestão de resíduos é uma função essencial de todas as autarquias metropolitanas e da maioria das autarquias locais, ao passo que as autarquias locais geralmente não consideram a gestão de resíduos como parte das suas responsabilidades. Os sistemas de recolha incluem caixotes do lixo domésticos e de bairro (caixotes do lixo primários), veículos e equipamento para a recolha primária e secundária e a organização e equipamento dos colectores, incluindo o fornecimento de vestuário de proteção. A seleção do equipamento de recolha deve basear-se em dados específicos da zona sobre a composição e as quantidades de resíduos, os padrões locais de tratamento de resíduos e os custos locais de aquisição, funcionamento e manutenção do equipamento. No que diz respeito à conceção dos sistemas locais de recolha de resíduos, os resultados mais eficazes podem ser alcançados através do envolvimento das comunidades em causa (Walhi, 2009). Sempre que adequado, os objectivos de reciclagem de materiais e de separação na fonte devem ser conscientemente prosseguidos. A introdução da recolha selectiva deve ser pragmática e gradual. É necessário começar com projectos-piloto para avaliar e incentivar o interesse e a vontade de participar dos utilizadores. A fim de alargar a cobertura, em especial nas zonas de baixos rendimentos, deve ser considerada a utilização de sistemas de recolha primária de baixo custo e geridos pela comunidade. No interesse de custos mais baixos e de uma operação e manutenção eficientes, deve ser selecionado equipamento devidamente normalizado e disponível localmente (Glavic e Lukman, 2011). O planeamento e a aquisição devem ter em conta os requisitos de manutenção preventiva, reparação e disponibilidade de peças sobressalentes. A privatização da manutenção e da reparação pode ser considerada como um meio de reduzir os custos de manutenção e otimizar a utilização do equipamento. No entanto, no caso da África do Sul, os funcionários superiores dos municípios optam frequentemente por subcontratar a manutenção para enganar o sistema. A conceção e a expansão das instalações e equipamentos de recarga devem ser adaptadas às caraterísticas dos sistemas de recolha locais e à capacidade disponível das instalações de eliminação ecológicas (Mukawi, 2009). A dimensão, o número e a distribuição das estações de transferência devem ser cuidadosamente planeados para facilitar a recolha local e, ao mesmo tempo, conseguir operações de transferência eficientes e minimizar as distâncias e os custos de transporte (UNEP, 2009). O último e menos desejável passo na hierarquia dos resíduos é a deposição dos resíduos em aterros e o tratamento químico e/ou físico dos resíduos. Na África do Sul, o tratamento, a transformação e a eliminação dos resíduos devem ser efectuados de acordo com os princípios da justiça ambiental e do acesso equitativo aos serviços ambientais (NEMA, 1998). Isto é particularmente importante dado o facto de os aterros sanitários e as instalações de tratamento de resíduos estarem normalmente localizados nas proximidades de comunidades pobres e povoações informais (Oelofse, 2012). Atualmente, a maior parte dos resíduos recolhidos é depositada em aterros sanitários. Nos aterros, os resíduos biodegradáveis produzem metano, um potente gás com efeito de estufa. Os resíduos de plástico, em particular, representam um desafio, uma vez que ocupam um espaço valioso nos aterros e demoram muito tempo a degradar-se (Parker, 2012). A Figura 2 mostra o atual fluxo de resíduos ao longo da cadeia de resíduos.

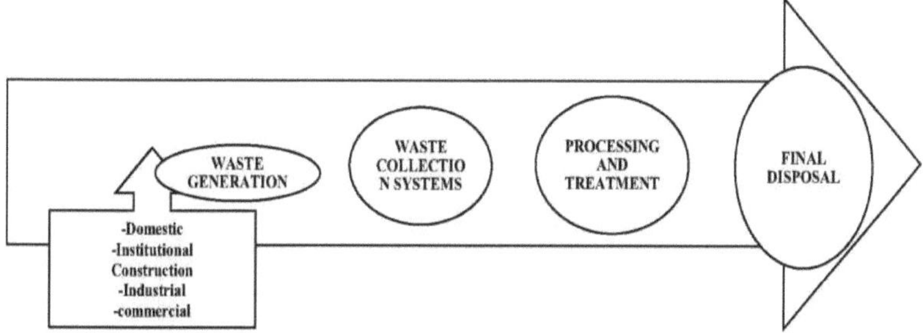

Figura 2: Fluxos de resíduos típicos ao longo da cadeia de resíduos

O número de aterros que cumprem as especificações oficiais de conceção é um indicador do empenhamento de um país em gerir eficazmente todo o espetro de resíduos produzidos. Como mostram os censos de 1996 e 2001, a recolha de resíduos urbanos melhorou, mas mais de 50 % da população não recebe uma recolha regular de resíduos urbanos (Wagner e Arnold, 2009). Os municípios metropolitanos prestam quase 100% dos serviços, enquanto os municípios locais, em alguns casos, não prestam qualquer serviço. Os aterros gerais recebem resíduos domésticos, resíduos comerciais e industriais não perigosos e resíduos de construção e de jardim. A maioria dos aterros na África do Sul pertence e é gerida pelas autoridades locais. A existência de aterros bem concebidos é importante para uma gestão eficaz dos resíduos que cumpra os requisitos legais (Leonard, 2009).

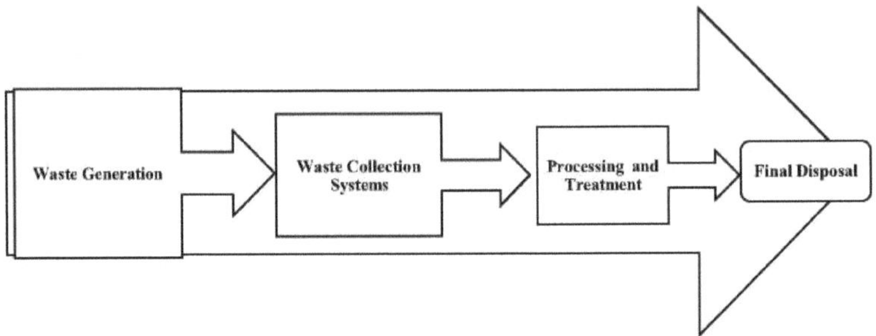

Figura 3: O fluxo ideal de resíduos ao longo da cadeia de resíduos

A Figura 3 mostra o fluxo ideal de resíduos ao longo da cadeia de resíduos, em que os volumes de resíduos deveriam efetivamente ser minimizados a partir da fonte de produção. Idealmente, os resíduos são desviados entre as fases individuais e nas interfaces da cadeia de resíduos, de modo a que menos resíduos acabem em aterros. Devido às diferentes estruturas municipais e à distribuição geográfica, o mesmo tipo de serviço de recolha de resíduos não é adequado e sustentável em todos os municípios. O nível de serviço pode variar entre a recolha no passeio, o transporte organizado para pontos de recolha centrais, a entrega no município a um ponto de recolha central e a eliminação adequada e regularmente controlada no local. Ao nível dos agregados familiares, o tipo de serviço determina o tipo de contentores, infra-estruturas e equipamentos necessários para a prestação do serviço. Para os resíduos não domésticos, os sistemas são necessários em função do tipo e da quantidade de resíduos e da frequência de recolha exigida. A quantidade de resíduos gerados por uma população depende essencialmente dos hábitos de consumo e, por conseguinte, das caraterísticas socioeconómicas da população. Simultaneamente, a produção de resíduos depende, em grande medida, das atitudes das pessoas em relação aos resíduos, dos seus padrões de utilização de materiais e de manuseamento de resíduos, do seu interesse na redução e minimização de resíduos, da medida em que separam os resíduos e da medida em que se abstêm de deitar lixo indiscriminadamente e de deitar lixo para o chão. Na indústria, os resíduos são geralmente reduzidos através de processos de fabrico mais eficientes e de melhores materiais. A aplicação de técnicas de minimização de resíduos conduziu ao desenvolvimento de produtos de substituição inovadores e comercialmente bem sucedidos. A minimização de resíduos tem benefícios comprovados para a indústria e o ambiente em geral, uma vez que acrescenta valor e melhora a qualidade do trabalho. A minimização de resíduos exige frequentemente investimentos, que são geralmente compensados pelas poupanças. No entanto, a minimização de resíduos numa parte do processo de produção pode levar à produção de resíduos noutra parte. Deveria haver incentivos governamentais para a minimização de resíduos que se concentrem nos benefícios ambientais da implementação de estratégias de minimização de resíduos. O transporte é um aspeto dispendioso da gestão de resíduos e, devido a orçamentos limitados, muitos municípios têm dificuldade em cumprir o seu mandato legal de fornecer pelo menos uma recolha semanal de resíduos a todos os agregados familiares. A escolha dos veículos de transporte pode também influenciar a escolha dos contentores mais adequados. É necessária uma manutenção regular e planeada dos veículos para garantir a fiabilidade da frota. Para manter o nível de serviço exigido, é necessário um plano de emergência que estabeleça o procedimento a adotar em caso de avaria dos veículos. As rotas de transporte e as distâncias entre os centros de recolha e as instalações de eliminação/transferência influenciam o tipo e a dimensão dos veículos utilizados. No contexto sul-africano, qualquer combinação dos seguintes tipos de transporte merece um lugar nos sistemas de recolha de resíduos - carrinhos de mão, carrinhos puxados à mão, carrinhos de mão, bicicletas, carroças de burro, combinações trator-reboque e veículos compactadores. Diferentes tipos de veículos podem ser adequados para diferentes partes do percurso de recolha e transporte de resíduos, por exemplo, do domicílio para o ponto de recolha central, para a estação de transferência e, finalmente, para o aterro. Devem ser utilizados os veículos de recolha mais adequados para a tarefa em causa.

Vários aspectos devem ser tidos em conta na análise dos resíduos. São particularmente importantes o tipo de resíduos a remover, a zona geográfica de recolha, a acessibilidade, o tipo de recolha, a distância e o percurso a percorrer e a disponibilidade de mão de obra. O armazenamento dos resíduos tem lugar em diferentes fases da cadeia de resíduos, o que exige a instalação de contentores adequados. Os contentores nos pontos de recolha destinam-se ao armazenamento dos resíduos entre os dias de recolha. Na escolha de um contentor, devem ser tidos em conta aspectos como a dimensão, o custo, a disponibilidade, o prazo de validade, o tipo de resíduos e a facilidade de manuseamento pelos produtores e pelos operadores de recolha de resíduos. Idealmente, os sistemas de armazenamento de resíduos devem permitir a separação na fonte. O tipo e a dimensão do contentor determinarão o meio de transporte mais adequado. A escolha do contentor deve também ter em conta o potencial impacto na deposição em aterro. Os resíduos são frequentemente armazenados em centros de recolha de materiais recicláveis. Estas instalações incluem instalações limpas de recuperação de materiais (MRF), viveiros, centros de entrega e de retoma e outras instalações intermédias antes da eliminação final num aterro ou antes de os resíduos serem tratados ou reciclados. A deposição em aterro deve ser a última e indesejável opção e os aterros devem cumprir os requisitos mínimos.

De acordo com o Department of Water Affairs and Forestry (DWAF, 2011), os resíduos são uma consequência inevitável do desenvolvimento, pelo que devem ser geridos de forma integrada e sustentável. À medida que a população cresce e o desenvolvimento avança, é expetável que a produção de resíduos aumente. Há uma série de problemas associados ao aumento da produção de resíduos, como o risco adicional de poluição do ar, do solo e da água e a falta de locais adequados para a deposição em aterro. A fim de prolongar a vida dos aterros existentes e gerir de forma óptima os novos aterros, os resíduos depositados em aterros devem ser minimizados. A visão da Declaração de Polokwane (DEAT, 2012) consiste em reduzir a produção de resíduos para 50 % dos níveis actuais e em eliminar os resíduos até 2022. Para gerir os resíduos de forma sustentável, a gestão de resíduos deve ter uma visão holística do fluxo de resíduos, a fim de otimizar a utilização dos recursos e reduzir os impactos ambientais (Novella, 2000). Por conseguinte, deve ser considerada uma abordagem integrada, combinando uma série de técnicas como a minimização, a reutilização e a reciclagem de resíduos. Um dos mecanismos para resolver este problema consiste em identificar quais as partes do fluxo de resíduos com maior probabilidade de serem minimizadas e recicladas. Para o fazer eficazmente, é necessária uma compreensão quantitativa de todo o fluxo de resíduos. Os aspectos a abordar incluem a identificação das fontes do fluxo de resíduos e uma avaliação da composição do fluxo de resíduos, bem como a quantificação dos principais fluxos de resíduos para cada uma dessas fontes. Certos fluxos de resíduos podem ser direcionados para a reciclagem, como os resíduos domésticos de elevado rendimento devido à sua elevada proporção de material de embalagem, e aqueles que não são adequados para a reciclagem, como os resíduos domésticos de baixo rendimento devido ao seu elevado teor de cinzas e areia (DEAT, 2012).

O Departamento de Recursos Hídricos e Florestas compilou um perfil global de produção de resíduos para cada província (DWAF, 2011), que fornece uma avaliação inicial da produção de resíduos na África do Sul. Há uma clara necessidade de dados exactos e actualizados sobre a produção de resíduos e a eliminação em aterros. Esta necessidade foi formulada na estratégia nacional de gestão de resíduos e nos planos de ação para um sistema de informação sobre resíduos e um planeamento integrado da gestão de resíduos. Foi proposto que as autoridades locais registassem e comunicassem as taxas de produção de resíduos, a categorização dos resíduos e a identificação dos fluxos de resíduos adequados para reciclagem. Reconhece-se que existem limitações práticas, como a falta de básculas funcionais na maioria dos aterros sanitários médios, pequenos e municipais. O risco de segurança surge nos aterros que têm básculas mas não dispõem de pessoal de segurança armado 24 horas por dia. Há implicações financeiras associadas ao fornecimento, manutenção e proteção das básculas. Foi proposta a elaboração de uma primeira ronda de planos integrados de gestão de resíduos. No entanto, como não se tratava de um requisito legal, apenas algumas autarquias locais concluíram os seus planos de gestão integrada de resíduos até à data. No entanto, as grandes metrópoles como Joanesburgo, Cidade do Cabo, eThekwini e Tshwane, bem como várias outras cidades e municípios, começaram a preparar os planos de gestão integrada de resíduos e a informação necessária deverá estar agora disponível (DEAT, 2011). A reciclagem tem o potencial de criar empregos e é uma alternativa viável à recuperação informal em aterros, que é indesejável devido às questões de saúde e segurança associadas. Uma série de desenvolvimentos políticos e legislativos recentes na África do Sul, a Constituição (GSA, 2010), a Política de Gestão Ambiental (DEAT, 2011), a Lei Nacional de Gestão Ambiental (GSA, 2010), a Política Integrada de Poluição e Gestão de Resíduos e a Estratégia Nacional de Gestão de Resíduos, levaram a uma reavaliação da situação da reciclagem.

A gestão integrada de resíduos exige a implementação de uma abordagem hierárquica à gestão de resíduos que envolve uma aplicação sequencial da prevenção, minimização, reutilização, reciclagem, tratamento e, finalmente, eliminação de resíduos. Por conseguinte, a reciclagem é uma parte integrante da forma como a gestão de resíduos é implementada na África do Sul (Peter e Duneed, 2013). A maioria das iniciativas de reciclagem de resíduos comerciais foi desenvolvida numa base ad hoc e financiada pelo sector privado, com pequenas contribuições financeiras dos governos provinciais e municipais. Os municípios tentaram promover a reciclagem de resíduos apoiando a criação de centros de retoma de resíduos e de pontos de recolha de resíduos de jardim nas grandes cidades e municípios, onde os resíduos são separados em diferentes fluxos de resíduos, como vidro, papel e cartão, latas, sucata, plásticos e resíduos de jardim (Mukawi, 2009). Em Klerksdorp e Witbank, foram construídas várias unidades de reciclagem de capital intensivo, mas não tiveram êxito. Embora estas unidades funcionassem do ponto de vista mecânico, o seu fracasso foi atribuído a uma sobreavaliação do valor dos materiais recicláveis, a exigências irrealistas dos municípios envolvidos e a uma recessão económica na altura em que os projectos foram lançados. Devido às grandes quantidades de materiais recicláveis presentes nos resíduos que chegam aos aterros, a reciclagem informal está generalizada (Leonard, 2009). Esta prática conduz a riscos inaceitáveis para a saúde e a segurança dos trabalhadores dos aterros, bem como a problemas operacionais para o pessoal dos aterros. A implementação de iniciativas de reciclagem bem sucedidas não é uma medida de curto prazo, mas uma iniciativa contínua que precisa de ser analisada e revista com base na experiência. É necessária uma campanha contínua para mudar o comportamento das pessoas e levá-las a assumir a responsabilidade pelos seus resíduos. Todas as partes interessadas devem assumir a responsabilidade e as suas actividades devem ser integradas no planeamento holístico da gestão de resíduos. A Declaração de Polokwane (DEAT, 2002) representa uma iniciativa importante de todas as partes interessadas na gestão de resíduos da África do Sul para melhorar esta prática. A visão é abrangente e o nível de

A visão é ampla e o nível de ambição é elevado, mas na realidade será difícil atingir o objetivo (Young et al., 2010).

Tabela 2: Funções das agências governamentais Fonte: (National Waste Management

Estratégia, 2013)

Department	Areas of Responsibility	Description
Department of Co-operative Governance	Waste services planning, delivery and infrastructure	Support municipalities to prepare IWMPs and integrate with IDPs. -Make MIG funds accessible for development and upgrading of municipal landfill sites.
Department of Trade and Industry	Industry regulation and norms and standards	Manage the overall system of industry regulation. -Apply Consumer Protection Act. -Develop norms and standards using the Technical Infrastructure. -Support the development of markets for recycled materials. -Support the establishment of SMEs for waste collection services and recycling.
National Treasury	Fiscal regulations and funding mechanisms	Oversee financial integrity of intergovernmental transfers to provincial and local government. -Manage the overall system of taxation and implement tax measures that support the goals and objectives of the NWMS. -Determine budget allocations for waste management functions at national level.

Department of International Relations	International Agreements	Give effect to Multilateral Environmental Agreements.
South African Revenue Services	Import and Export Control	Ensure waste management measures are aligned with the product codes in the Schedules to the Customs and Excise Acts.
Department of Water Affairs	Water quality and licensing	Collaborate with DEA in issuing integrated waste disposal licenses.
Department of Mineral Resources	Waste Management in the mining sector	Regulate waste management in the mining sector that falls outside the ambit of the Waste Act (including residue deposits and stockpiles), and remediate land that mining activities have contaminated.
Department of Health	Health care risk waste	Address health care risk waste and advise DEA and provincial departments on the appropriate standards and measures for the sector.
Department of Defense	Contaminated land	Remediate land contaminated by ordinance waste.

É essencial uma avaliação exaustiva dos benefícios e custos sociais, ambientais e económicos da reciclagem em comparação com o consumo unilateral e a eliminação de produtos e embalagens usados, a fim de decidir sobre os papéis e mecanismos adequados para a reciclagem em circunstâncias específicas. O Ministério do Ambiente dispõe de numerosos poderes discricionários que pode invocar. Estes incluem o desenvolvimento de normas e padrões nacionais para a minimização, reutilização, reciclagem, recuperação e tarifas de resíduos. A DEA pode declarar resíduos prioritários, identificar produtos para programas de responsabilidade alargada do produtor, enumerar actividades de gestão de resíduos, solicitar planos de gestão de resíduos à indústria, registar transportadores de resíduos e iniciar investigações sobre terrenos potencialmente contaminados. Outras autoridades nacionais desempenham um importante papel regulador e de apoio na aplicação da Lei dos Resíduos e da gestão de resíduos em geral. A África do Sul fez grandes progressos no combate aos resíduos e adoptou uma abordagem de tolerância zero em relação à prevenção de resíduos. Foram postas em prática políticas a nível nacional que se estenderam a outras áreas do governo. No entanto, esta não é apenas uma iniciativa governamental; todos devem adotar estes princípios.

Objectivos, critérios e princípios

O Documento Inicial para a Reciclagem de Resíduos: Um quadro para a reciclagem sustentável pós-consumo na África do Sul (DEAT, 2010) propõe os objectivos para a promoção e expansão das iniciativas de reciclagem. Estes incluem a criação de emprego, a redução da poluição, a conservação dos recursos naturais, a poupança de energia, a redução dos custos no sector da produção, a prevenção de resíduos, a redução do fluxo de resíduos para os aterros e, finalmente, a eliminação da recolha de resíduos em aterros.

Estes também podem ser utilizados como critérios para identificar, avaliar e dar prioridade aos fluxos de resíduos para reciclagem. É importante que os riscos para a saúde e a segurança sejam devidamente considerados. Devem ser determinadas as quantidades disponíveis e o valor dos materiais e bens a reciclar. Deve ser avaliada a situação dos mercados actuais e potenciais para os materiais e bens a reciclar. Os requisitos técnicos para a separação dos resíduos necessários dos resíduos gerais devem ser clarificados. Outras preocupações incluem o fator de enchimento dos aterros, as opções de reciclagem, o acesso a dados regulares e fiáveis, as iniciativas, os programas e os acordos de reciclagem existentes (DEAT, 2010).

Num espírito de equidade, todas as pessoas devem ter acesso aos recursos, benefícios e serviços ambientais para satisfazer as suas necessidades básicas e garantir o seu bem-estar (Mentzer, 2011). As decisões relativas à contabilidade dos custos totais devem basear-se numa avaliação dos custos ambientais totais e das actividades com impacto no ambiente (Mudau, 2013). A aplicação deste princípio na prática é problemática, uma vez que os custos ambientais totais não estão normalmente disponíveis. Num espírito de inclusão e participação, os processos de gestão ambiental devem ter em conta os interesses e valores de todas as partes interessadas e afectadas na tomada de decisões, a fim de assegurar o desenvolvimento sustentável (Oelofse, 2011).

Quadro 3: Resumo dos objectivos da estratégia nacional de gestão de resíduos

	Description	Targets (2016)
Goal 1	Promote waste minimisation, re-use, recycling and recovery of waste	-2% of recyclables diverted from landfill sites for re-use, recycling or recovery. -All metropolitan municipalities, secondary cities and large towns have initiated separation at source programmes. -Achievement of waste reduction and recycling targets set in IndWMP for paper and packaging, pesticides, lighting (CFLs) and tyres industries.
Goal 2	Ensure the effective and efficient delivery of waste services.	-95% of urban households and 75% of rural households have access to adequate levels of waste collection services. -80% of waste disposal sites have permits.

Goal 3	Grow the contribution of the waste sector to the green economy.	-69 000 new jobs created in the waste sector -2 600 additional SMEs and cooperatives participating in waste service delivery and recycling
Goal 4	Ensure that people are aware of the impact of waste on their health, well-being and the environment.	-80% of municipalities running local awareness campaigns. -80% of schools implementing waste awareness programmes.
Goal 5	Achieve integrated waste management planning.	-All municipalities have integrated their IWMPs with their IDPs, and have met the targets set in IWMPs. -All waste management facilities required to report to SAWIS have waste quantification systems that report information to WIS.
Goal 6	Ensure sound budgeting and financial management for waste services.	-All municipalities that provide waste services have conducted full-cost accounting for waste services and have implemented cost reflective tariffs.

Goal 7	Provide measures to remediate contaminated land.	-Assessment complete for 80% of sites reported to the contaminated land register. -Remediation plans approved for 50% of confirmed contaminated sites.
Goal 8	Establish effective compliance with and enforcement of the Waste Act.	-50% increase in the number of successful enforcement actions against non-compliant activities. -800 EMIs appointed in the three spheres of government to enforce the Waste Act.

Fonte: (Estratégia Nacional de Gestão de Resíduos, 2011)

A relevância desta secção para o estudo é que os aspectos dos critérios, objectivos e princípios devem ser incluídos na conceção do modelo. Desta forma, o modelo pode complementar as prioridades nacionais da África do Sul, ao mesmo tempo que aborda a questão das energias renováveis e de um melhor ambiente. Esta questão deve responder diretamente às necessidades do local.

Forças motrizes da cadeia de resíduos

Os bancos consideram frequentemente que os projectos de reciclagem são arriscados e não estão dispostos a financiar tais projectos. Parte da taxa turística deveria ser utilizada para a gestão dos resíduos produzidos pela indústria do turismo. As possíveis fontes de financiamento incluem agências de financiamento internacionais e locais, mas foi referido que é necessária uma melhor coordenação para otimizar o impacto dos esforços das agências de financiamento. A principal razão para promover a reciclagem nas províncias mais pobres parece ser uma necessidade económica e não ambiental, uma vez que existe uma grande procura de criação de emprego devido aos elevados níveis de pobreza e a barreira à entrada neste mercado é baixa. O governo poderia promover e incentivar a reciclagem de várias formas, concedendo benefícios fiscais e reduções de impostos às empresas que reciclam resíduos, utilizando produtos reciclados e incluindo a reciclagem como requisito nos seus procedimentos de adjudicação (Karak e Bhakta, 2012).

Devido à falta de competências, capacidade e capital, o envolvimento do sector privado nas iniciativas de reciclagem é considerado crucial. As parcerias públicas e privadas são vistas como um mecanismo para promover iniciativas de reciclagem (Ilgin e Gupta, 2010). As empresas privadas de reciclagem, especialmente no sector da embalagem, são os principais motores da reciclagem comercial. Estas actividades incluem a reciclagem de papel, cartão, plásticos, vidro, óleo, borracha de pneus usados e baterias de chumbo-ácido de veículos automóveis. No sector informal, especialmente nas zonas menos desenvolvidas, são reutilizadas várias matérias-primas, como sacos de plástico, latas de bebidas e garrafas de vidro, para fabricar produtos inovadores. A criação e o apoio de centros de devolução e de compra pelas autoridades locais são considerados uma força motriz para o êxito da reciclagem de resíduos. Nestes centros, os resíduos são separados em diferentes fluxos de resíduos, como o vidro, o papel, o cartão, as latas, a sucata, os plásticos, os resíduos de jardim e os resíduos descartáveis (Johannessen e Boyer, 2010). Os bancos de recolha são utilizados em pequena escala para o vidro e o papel, enquanto as gaiolas verdes são fornecidas para a recolha de plásticos mistos. Escolas, igrejas e instituições de caridade participam na recolha de materiais recicláveis, especialmente latas, papel e garrafas reutilizáveis, em parte como parte da educação ambiental e em parte para ganhar dinheiro para o orçamento da escola ou para os necessitados (Herva e Roca, 2011). Os decisores, como os políticos, os vereadores e os funcionários locais, precisam de mudar as suas atitudes em relação à gestão de resíduos e à reciclagem. Este objetivo pode ser alcançado através da sensibilização, da educação e do reforço das capacidades (Iyer e Karshap, 2007).

Os programas de educação escolar, desenvolvidos em colaboração com ONG locais, promovem e incentivam a reciclagem. Um problema comum para as comunidades é o facto de estarem a ficar sem espaço nos aterros sanitários existentes. Os novos aterros serão mais caros, pelo que é importante manter o espaço dos aterros. O custo do enchimento dos aterros poderá aumentar significativamente, impulsionando outras iniciativas de gestão de resíduos. As poupanças de espaço obtidas através da reciclagem devem ser quantificadas e utilizadas para compensar os custos da reciclagem. Poderia ser criada uma instalação de processamento centralizada em cada província para ajudar os municípios que não estão familiarizados com os procedimentos de obtenção de subsídios. As actuais iniciativas de reciclagem são predominantemente conduzidas pela indústria organizada, mas os participantes no workshop consideraram que o envolvimento do governo poderia ajudar a resolver as condições em mudança no mercado da reciclagem (ISO, 2000). Os produtores de matérias-primas devem ser envolvidos nos centros de retoma através de mecanismos como a responsabilidade alargada do produtor. O apoio dos governos e das empresas através de subsídios aos centros de retoma poderia resolver o problema dos custos de transporte exorbitantes (Godfrey e Scott, 2012). No entanto, uma das causas dos elevados custos é a localização da maioria das instalações de reciclagem em Gauteng, o que penaliza os fornecedores distantes. É importante notar que estes factores podem ser motivadores e fornecer um mecanismo para se envolver na minimização de resíduos, que pode variar de impostos a descontos. Estes factores fornecem uma base monetária que prova que os resíduos têm um valor económico e são uma fonte de rendimento.

Desafios para a cadeia de resíduos

Nos seminários provinciais de reciclagem realizados em Pretória em 2013, foram identificados os seguintes desafios em matéria de resíduos (DEA, 2014): O acesso limitado aos mercados continua a ser um desafio para os recicláveis, tais como vidro, jornais e revistas, papel e cartão. As províncias de Free State, North West e Mpumalanga estão em desvantagem devido à sua localização longe das instalações de reciclagem em Gauteng. O governo não incentiva a reciclagem, uma vez que não exige a compra de produtos reciclados nos seus procedimentos de aquisição (Tam, 2009). Os preços dos produtos recicláveis também flutuam consideravelmente, o que levou ao desaparecimento de muitas empresas de reciclagem. Existe a preocupação de que a falta de concorrência no sector da reciclagem possa conduzir a práticas monopolistas (Hunga, 2009). É necessário criar novos mercados para os materiais recicláveis que ultrapassem o domínio das grandes empresas de reciclagem existentes, como a SAPPI, a Mondi e a Collect-a-Can. As autoridades locais têm uma capacidade limitada para apoiar a triagem na origem. Tal deve-se ao facto de um programa deste tipo exigir a remodelação dos contentores, dos contentores de rua, dos veículos de recolha específicos e mesmo dos contentores a granel. A maioria das autoridades locais não dispõe das infra-estruturas necessárias para reciclar os resíduos nos seus aterros sanitários. Mas mesmo que isso fosse possível, não faz sentido do ponto de vista económico, uma vez que tal prática conduz a distorções de preços. A nível municipal, há falta de competências e de capacidade no domínio da gestão de resíduos e, em especial, da minimização, reciclagem e reutilização de resíduos. As limitações de capacidade nos municípios devem-se claramente às práticas de recrutamento no sector público e não à falta de mão de obra qualificada no país. Os departamentos de saúde ambiental podem ajudar com uma formação adequada, utilizando os seus inspectores de saúde para ajudar no processo de gestão de resíduos (Kinnaman, 2013). Devem ser exploradas parcerias públicas e privadas com a indústria e as grandes empresas de reciclagem. As questões de segurança também desempenham um papel importante, uma vez que alguns materiais recicláveis, como os plásticos, a borracha e os resíduos têxteis, são inflamáveis e os operadores de reciclagem têm de garantir a segurança dos seus trabalhadores (Manning, 2013). Não existem incentivos fiscais diretos para a reciclagem, como acontece em alguns países estrangeiros, como o Canadá, onde esses incentivos fiscais são concedidos aos produtores que reciclam matérias-primas. No entanto, algumas províncias já dispõem de edifícios industriais que se encontram devolutos desde o colapso da industrialização nacional, na sequência da retirada dos incentivos em 1995. Uma vez que são propriedade dos governos provinciais, poderiam ser utilizados como um incentivo para atrair potenciais investidores.

Tendências actuais

Joanesburgo tem registado inundações, ondas de calor, tempestades de granizo e outras condições meteorológicas extremas. Entre outros impactos, a poluição também gera gases com efeito de estufa, que são considerados um dos principais contribuintes para as alterações climáticas (Ecotec, 2011). Por conseguinte, a cidade de Joanesburgo assegura a prevenção do impacto da poluição proveniente dos resíduos e a redução das emissões de gases com efeito de estufa. O programa de gestão integrada de resíduos da cidade inclui a separação de resíduos na fonte, aterros sanitários e instalações de compostagem. Além disso, Joanesburgo implementou com êxito dois projectos de conversão de gás de aterro em energia (Smith e Scott, 2009). No aterro Robinson e no projeto Marie Louise, o gás de aterro é extraído, incinerado e queimado como dióxido de carbono para gerar eletricidade. Num futuro próximo, será gerado um total de 19 MW de eletricidade a partir de cinco aterros sanitários, energia suficiente para cerca de 12500 agregados familiares de rendimento médio. O projeto de separação na fonte incentivou os residentes a separar os seus resíduos - o papel é colocado em sacos cor de laranja e os materiais recicláveis, como garrafas e latas, em sacos transparentes (Skumatz, 2008). A cidade de Joanesburgo criou lixeiras para a eliminação de resíduos leves de jardim, onde estes são triturados em tamanhos manejáveis e transportados para uma unidade de compostagem. Na fábrica de compostagem, cerca de 150.000 toneladas de resíduos verdes são transformadas em composto para melhorar o solo todos os anos. Este composto é depois vendido ao sector agrícola e aos proprietários de casas urbanas para jardins suburbanos. Atualmente, a cidade de Joanesburgo elimina cerca de 1,6 milhões de toneladas de resíduos nos quatro aterros sanitários em funcionamento. Por outro lado, a cidade gasta muito dinheiro em transportes, o que também contribui para a poluição do ar e para as emissões de gases com efeito de estufa provenientes dos camiões utilizados no processo. Os projectos de conversão de gás de aterro em energia minimizam os danos ambientais, reduzindo as emissões de metano. O metano é conduzido através de uma combinação de tubos verticais e horizontais para o sistema de queima, onde é queimado e libertado dióxido de carbono, que é menos nocivo do que o gás metano (Patton, 2009). O aterro Robinson Deep foi concluído em maio de 2011. Para este projeto, foram instalados 68 poços de gás na primeira fase e este número será aumentado na segunda fase do projeto. [3]O projeto gerou 137.888 Reduções Certificadas de Emissões (RCE) e destruiu 18.288.457 metros de gás de aterro que, de outra forma, teria sido libertado para a atmosfera. A construção do projeto Marie Louise começou em fevereiro de 2012 com a instalação de 28 poços (Lehtoranta, 2010). [3] Em 2015, tinha sido acumulado um total de 19 042 RCE e tinham sido destruídos 3 157 656 m de gás de aterro desde maio de 2012. Em última análise, será gerado um total de 19 MW de eletricidade em cinco aterros, o que poderá abastecer cerca de 12 500 agregados familiares de rendimento médio (Leeuwen, 2011). Os trabalhos de construção nos três locais restantes em Goudkoppies, Ennerdale e Linbro Park começarão num futuro próximo. Em outubro de 2013, o Departamento de Energia aprovou o projeto e concordou em assinar um Contrato de Aquisição de Energia (CAE) com a Eskom para uma contribuição de 18 MW ao abrigo do programa de Produtor Independente de Energia (McGurty, 2011). O projeto foi registado na Convenção-Quadro das

Nações Unidas sobre as Alterações Climáticas (CQNUAC) em dezembro de 2012, onde pode começar a vender créditos de carbono que se acumularão a partir da data de entrada em funcionamento das centrais ao abrigo do Protocolo de Quioto. A Cidade do Cabo conseguiu desviar 10 milhões de metros cúbicos de resíduos de jardim dos aterros. A cidade celebrou recentemente este importante marco na luta contra os resíduos, alcançado em parceria com a Reliance, o principal fornecedor de composto orgânico no Cabo Ocidental. Os aterros de resíduos sólidos da Cidade do Cabo estão a ficar rapidamente sobrelotados e, num futuro próximo, os resíduos terão de ser transportados para aterros fora dos limites da cidade, a um custo considerável. A Reliance foi contratada em 2001 para triturar os resíduos de jardim dos centros de recolha e aterros sanitários da cidade e, desde então, tem tratado os resíduos verdes da Cidade do Cabo. A Reliance recicla os resíduos de jardim em composto e já devolveu ao solo mais de 750 000 toneladas de composto orgânico. O objetivo da empresa de não depositar resíduos orgânicos em aterros está em conformidade com a visão da cidade. A Reliance é neutra em termos de carbono e aprovou a sua tecnologia de compostagem como um método de redução das emissões de gases com efeito de estufa ao abrigo das diretrizes da Convenção-Quadro das Nações Unidas sobre Alterações Climáticas (Mechelson, 2009). Em 2008, a Câmara Municipal de Port Elizabeth decidiu lançar uma campanha para acabar com a deposição em aterro, incentivando os residentes a trocarem os seus resíduos em vez de os eliminarem, a fim de proteger o ambiente. Esta campanha foi denominada NMB Waste Exchange e é um dos projectos de redução de resíduos no âmbito do Plano Integrado de Gestão de Resíduos. Trata-se de um sistema gratuito baseado na Internet que permite aos produtores e utilizadores de resíduos trocarem gratuitamente os seus resíduos, reduzindo assim a quantidade de resíduos enviados para aterros. Uma vez registado no sistema, o utilizador pode publicar um anúncio ou anúncio de resíduos procurados ou pesquisar as listas de resíduos indesejados publicadas por outros utilizadores (Lynes, 2011). Os resíduos podem ser qualquer coisa que ainda possa ser utilizada por outra pessoa, como caixas de cartão, restos de materiais de construção, materiais reciclados, madeira, mobiliário desatualizado ou entulho, para citar apenas alguns exemplos. Ao utilizar o WX, os utilizadores podem beneficiar de poupanças nos custos de transporte, eliminação e armazenamento. Pode também ajudar a dar às empresas uma vantagem competitiva na utilização sustentável dos recursos naturais e identificar fornecedores de materiais alternativos que ofereçam materiais de entrada para a sua empresa a um preço competitivo, reduzindo assim os custos das matérias-primas ou dos factores de produção. Ao participarem, os residentes de Port Elizabeth ajudaram a reduzir a sua pegada de carbono, melhorando simultaneamente a imagem da sua empresa em termos de responsabilidade ambiental e social (McCool e Stanskey, 2011).

O número de aterros sanitários está a aumentar rapidamente e os resíduos têm impactos diretos e indirectos na saúde humana e nos ecossistemas, incluindo a poluição das águas superficiais e subterrâneas. Além disso, as emissões de metano provenientes dos resíduos contribuem para o perfil de gases com efeito de estufa da África do Sul. Estes impactos poderiam ser significativamente reduzidos através de uma melhor gestão dos resíduos. Embora as cidades secundárias não disponham dos mesmos recursos que as áreas metropolitanas, muitos programas podem ainda ser implementados para satisfazer as necessidades locais e resolver os problemas das comunidades individuais (Shen e Tam, 2010).

Capítulo 3 Metodologia

Um sistema típico de gestão de resíduos sólidos num país em desenvolvimento apresenta uma série de problemas. Os principais são a recolha inadequada de resíduos, os serviços irregulares de recolha de resíduos, as lixeiras a céu aberto, a incineração sem controlo da poluição do ar e da água, a proliferação de moscas e vermes e o tratamento e controlo dos catadores informais. A intensidade destas restrições varia de zona para zona e de país para país. Num segundo nível, a cadeia de resíduos em si é tanto um sistema físico-técnico (Mudau et al, 2013; Ruhiiga, 2016) como um sistema social. Para o efeito, existem constrangimentos específicos relacionados com os fluxos de materiais ao longo da cadeia, bem como com as componentes de gestão e de recursos humanos da prestação de serviços. Estes constrangimentos estão diretamente relacionados com questões de saúde pública, ambientais e de gestão. Os factores que impedem o desenvolvimento de sistemas eficazes de gestão de resíduos sólidos podem ser classificados da seguinte forma Estes factores podem ser divididos em constrangimentos técnicos, financeiros, institucionais, económicos e sociais.

1.1 População e fontes de dados

Os aterros em cada área de estudo foram selecionados com base no seu estatuto de licença e autorização ao abrigo do Capítulo 5 da Lei Nacional de Gestão Ambiental: Resíduos, 2008 (Lei 59 de 2008). Estes aterros cumprem determinadas práticas e normas e respeitam a legislação nacional e local. Os aterros não autorizados e os aterros ilegais foram descartados, uma vez que não estão registados e as comunidades locais não têm qualquer controlo sobre eles. Não cumprem as leis nacionais e os decretos municipais. As áreas selecionadas foram Matlosana na província do Noroeste, Merafong na província de Gauteng, eMalahleni na província de Mpumalanga

e Matjhabeng na província de Free State. Foram realizadas observações e inquéritos em cada um dos aterros selecionados. Cada um dos aterros está equipado com uma báscula para registar o fluxo de entrada de resíduos e a eliminação dos mesmos. Os dados obtidos foram registados no Sistema de Informação sobre Resíduos da África do Sul. O sistema foi desenvolvido pelo Departamento de Assuntos Ambientais (DEA) e é utilizado por agências governamentais e pela indústria para recolher dados mensais e anuais de rotina sobre a quantidade de resíduos produzidos, reciclados e eliminados na África do Sul. Estes dados foram complementados pela utilização de dados secundários existentes obtidos das respectivas direcções de gestão de resíduos das áreas de estudo individuais, que cumprem os requisitos mínimos do Departamento de Assuntos Hídricos e Florestais. Os dados primários foram recolhidos nas básculas no local e posteriormente validados e verificados utilizando dados dos Serviços de Informação sobre Resíduos da África do Sul (SAWIS). Os dados obtidos a partir das observações e

Os inquéritos foram registados sob a forma de tabelas.

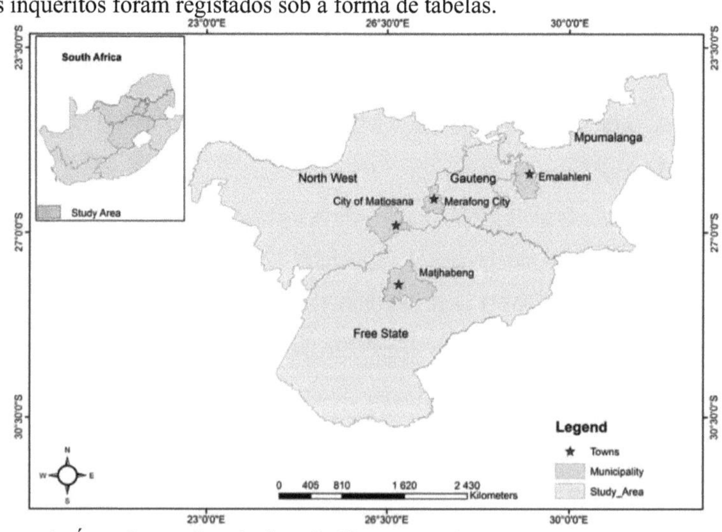

Figura 4: Área de estudo selecionada (fonte: autor)

A Figura 4 mostra as cidades selecionadas para este estudo. As quatro cidades selecionadas são a cidade de Matlosana, na província do Noroeste, a cidade de Merafong, na província de Gauteng, a cidade de eMalahleni, na província de

Mpumalanga, e a cidade de Matjhabeng, na província de Free State. A seleção baseou-se nas caraterísticas da dimensão da população, que se enquadra na categoria de cidades secundárias, uma vez que têm potencial para aumentar a população e, por conseguinte, gerar mais resíduos. Trata-se de cidades mineiras que, retrospetivamente, deveriam ter certas caraterísticas socioeconómicas comuns. O grande município de Matlosana inclui as cidades de Orkney, Kanana, Stilfontein, Khuma, Hartebeesfontein e Tigane e, por conseguinte, tem uma população de 420 545 habitantes com uma taxa de crescimento de 1,04% por ano (StatsSA, 2016). Merafong é uma cidade mineira de ouro no oeste de Gauteng e uma das zonas de extração de ouro mais ricas do mundo.

Tem uma população de 214 553 habitantes, com 102 624 agregados familiares, e cobre uma área de 1 631 km2 (StatsSA, 2016). eMalahleni está localizada numa zona de extração de carvão, com mais de 22 minas de carvão em redor da cidade, e os terrenos agrícolas circundantes estão a ser rapidamente comprados por investidores, empresas de extração de carvão e promotores imobiliários para acomodar o rápido crescimento da cidade. A exploração mineira de ouro e urânio, bem como outras indústrias, como a agricultura e a indústria transformadora, estão a ser promovidas como mais um meio de apoiar a economia local (StatsSA, 2016). O crescimento contínuo das zonas industriais e dos subúrbios em eMalahleni colocou desafios significativos ao município, com o abastecimento de água potável, o tratamento de águas residuais, o fornecimento de eletricidade, a recolha de lixo e a manutenção das estradas particularmente afectados, o que levou a uma insatisfação contínua dos residentes com os serviços. A população total é de aproximadamente 416.625 habitantes (StatsSA, 2016). Matjhabeng é uma cidade da província de Free State, na África do Sul, com uma população de aproximadamente 427 640 habitantes e um total de 194 336 agregados familiares. Abrange uma área total de 89,51 km2 e está situada a 160 quilómetros a nordeste da capital da província, Bloemfontein. Os dados sobre este tópico foram obtidos junto das direcções de gestão de resíduos de cada uma das áreas de estudo. Estes dados foram complementados por dados das seguintes fontes: Planeamento de Desenvolvimento Integrado (PDI); Plano Integrado de Gestão de Resíduos (PIGR); Relatórios Anuais (RA) e Plano de Desenvolvimento Económico Local (PDEL).

Capítulo 4 Resultados e discussões

4.1 Análise SWOT

A análise SWOT é uma avaliação da viabilidade de um sistema com base nos seus pontos fortes, pontos fracos, oportunidades e ameaças. A Tabela 1 resume os resultados da análise SWOT em termos de identificação de constrangimentos nos fluxos de resíduos para as comunidades locais nas áreas de estudo selecionadas. Segue-se uma análise das lacunas que ajuda a agrupar os desafios enfrentados.

Quadro 4: Análise SWOT para identificar os condicionalismos dos fluxos de resíduos. (Fonte: Autor)

STRENGTHS	WEAKNESSES
Integrated spatial development	**Integrated spatial development**
• Land use management	• Infrastructure master planning
• Spatial planning	• Environmental management
The provision of basic services	• Rural development planning
• Municipal services	• Human settlements management
Good governance	**The provision of basic services**
• Corporate governance	• Physical infrastructure aging and backlog
• Broaden local democracy	• Water and electricity losses

• Local government accountability **Financial viability and management** • Financial viability • Financial management	**Financial management** • Procurement practice and system **Local economic development** • Economic development • Social development **Business management and leadership** • Strategic positioning to influence key stakeholders • Organisational culture • Stakeholder relations management & • Communication **Resource management** • ICT management • Record / knowledge management • Human resource management • Asset management • Office accommodation • Interdepartmental collaboration (lack of internal customer care) • Organisation performance management
OPPORTUNITIES	**THREATS**
• Alternative sources of funds • Inter- governmental relations framework / stakeholder alliances	• Non-payment culture in community • Inadequate resources to deal with increasing demands

• ICT developments • Economic diversification in the municipality • Tourism opportunities • Mining related opportunities • Job creation opportunities • Agriculture development opportunities • Transport opportunities • Strategic partnerships • Availability of land for development • Carletonville Urban Renewal	• Poverty % unemployment impacting negatively on available resources • Illegal connections leading to risks • Vandalism of infrastructure. • Long lead times on EIA's; Pollution (air, land, water) • HIV / AIDS pandemic; Fraud / corruption • Infrastructure backlogs • Declining mining sector • Electricity tariff escalation • Urban sprawl • High crime rate

Análise de lacunas

A Tabela 2 descreve as lacunas identificadas em resultado da análise SWOT. O aspeto fraco da análise SWOT foi selecionado e as lacunas foram identificadas como objectivos e metas fundamentais para melhorar os serviços de gestão de resíduos. Este aspeto é desenvolvido e tabulado no Quadro 3, que foi simplificado para realçar as caraterísticas mais genéricas das comunidades locais nas áreas de estudo.

Tabela 5: Análise de lacunas para as comunidades locais nas áreas de estudo selecionadas. (Fonte: Autor)

Area	Objectives and Targets	Gap Analysis	Outcomes
All LM,s	Render a sustainable, equitable and cost effective refuse removal service to all domestic and business premises	Personnel to assist with roles and tasks as set out in the waste management section structure.	Ensure that recruitment procedures are followed when interviewing new candidates. Staff employed should have all the relevant qualifications required. Criteria and job descriptions to be reviewed.
All LM,s	Improve refuse collection in informal settlements.	Lack of service and or sustainable initiatives.	Detail evaluation of existing waste collection relating to the proposed collection system in the informal areas. Alternative collection systems and methodologies to be investigated.
All LM,s	Decrease the volume of illegal dumping.	A lack of proper public dumping/disposal facilities.	Implement proper public dumping/disposal facilities for residents to dispose of various waste types.
Carletonville	Ensure that a proper mass container rental system is implemented	Rates currently charged for mass container service is not market related.	Evaluate proposed collection system for informal areas. Purchase additional equipment if required, based on the outcome of the evaluation. Consider utilising SMMEs and one-person-contractors for primary and secondary collection.
Carletonville	Implementation of recycling initiatives at both domestic and commercial service points.	A proper recycling plan and programme is lacking, this also includes aspects such as composting.	Develop a proper recycling action plan and programme. Establish a formal partnership with recycling companies. Discuss implementation of the proposed plan with the preferred company. Benchmark with other municipalities on waste reusing Programmes and/or involve the public/ communities.

All LM,s	Decrease illegal dumping	Lack of enforcement of by-laws and legislation. Lack of Formalised service to the informal areas in particular is creating illegal dumping in those areas.	Implement proper public dumping/disposal facilities for residents to dispose of various waste types. Conduct a proper investigation into the need for such facilities. Determine best locations for such facilities. With the new By-laws in place, the introduction of active enforcement must be done. Implement formal collection services to informal settlement areas.
All LM,s	Comprehensive street cleaning service.	Only CBD and surroundings receive street cleaning service	A plan of areas which require street cleaning needs to be developed. Based on this, the required personnel to provide the more comprehensive street cleaning service should be allocated.

*LM's....Comunidades locais

Limitações técnicas

A Tabela 4 mostra os constrangimentos técnicos enfrentados por cada uma das áreas de estudo selecionadas. Analisando a Tabela 4, podemos deduzir que o município de Klerksdorp tem aproximadamente 120 442 agregados familiares e 219 veículos disponíveis para a recolha de resíduos. Nesta área, existe, portanto, um veículo para cada 549 agregados familiares ou um veículo para cada 1920 habitantes. Isto resulta numa taxa de recolha de resíduos semanal de 89% para o município de Klerksdorp. Esta taxa de recolha de resíduos resulta do número de recolhas de resíduos bem sucedidas nas horas especificadas. Em caso de vigílias gerais, avarias de veículos ou outras circunstâncias previsíveis e imprevisíveis, esta taxa diminui.

No município de Carletonville, 102.624 agregados familiares dependem de 132 veículos para a recolha de resíduos. Isto resulta num rácio de um veículo por 777 agregados familiares ou um veículo por 1625 pessoas. Isto resulta num rácio de recolha de lixo semanal de 79,7% para o município de Carletonville. No município de Witbank existem aproximadamente 119 874 agregados familiares servidos por 149 veículos, o que resulta num rácio de 804 agregados familiares por veículo ou um veículo para 2796 pessoas. A taxa de recolha semanal de resíduos em Witbank é de 67,2%. No município de Welkom, existe um veículo para cada 1079 agregados familiares, uma vez que 194 336 agregados familiares são servidos por 180 veículos, o que equivale a um rácio de um veículo para 2 375 pessoas. A taxa de recolha semanal de resíduos nesta área é de 86,3% para Welkom.

Quadro 6: Restrições técnicas na zona de estudo (fonte: SAWIS, 2013)

Area	Households	Vehicles	Ratio	Population	Vehicles	Ratio	Weekly refuse removal
Klerksdorp	120 442	219	1: 549	420 545	219	1: 1920	89%
Carletonville	102 624	132	1: 777	214 553	132	1: 1625	79.7%
Witbank	119 874	149	1: 804	416 625	149	1: 2796	67.2%
Welkom	194 336	180	1: 1079	427 640	180	1: 2375	86.3%

A importância desta secção reside no facto de proporcionar uma compreensão do segmento de transportes do sistema de resíduos. É evidente que os veículos desempenham um papel crucial no sistema de resíduos e, em última análise, na minimização dos resíduos. Um sistema de transportes eficiente para a recolha, triagem e desvio de resíduos significa que os resíduos podem ser minimizados rapidamente, ao mesmo tempo que se presta um serviço eficaz à comunidade local. Um sistema de transportes inadequado dá pouca ou nenhuma prioridade à minimização dos resíduos, uma vez que a tónica é colocada na recolha e na deposição em aterro. Isto deve-se ao facto de haver demasiada pressão sobre os condutores e sobre as direcções de gestão de resíduos. Consequentemente, os veículos estão constantemente a avariar, o que resulta em baixas taxas de recolha de resíduos semanais, e o tempo necessário para a sua manutenção e reparação é muito elevado.

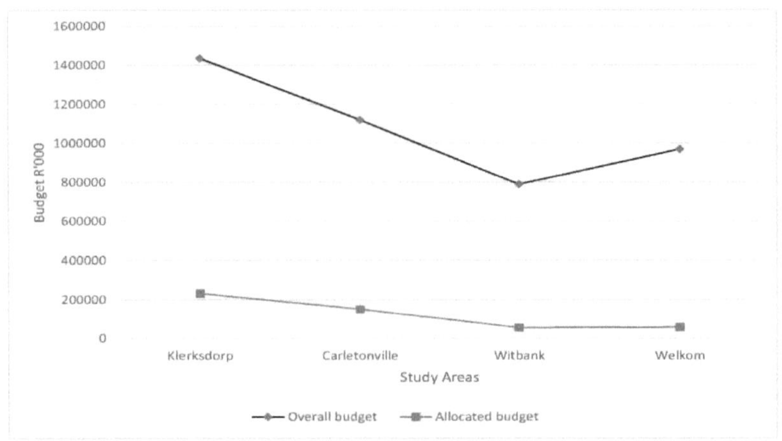

Limitações financeiras

A Figura 5 mostra o orçamento total do município comparado com o orçamento afetado à gestão de resíduos. Os valores da Figura 2 referem-se ao exercício financeiro de 2014/2015 e foram selecionados para descrever a importância do orçamento para os serviços de resíduos. Podemos ver que os orçamentos afectados aos serviços de gestão de resíduos nos municípios são pequenos em comparação com o orçamento total do município. No município de Klerksdorp, 16% do orçamento total é gasto na gestão de resíduos. No município de Carletonville, 13% do orçamento é gasto na gestão de resíduos. O município de Witbank afecta 6% do seu orçamento total à gestão de resíduos e 8% do orçamento do município de Welkom é afetado à gestão de resíduos. O orçamento afetado à gestão de resíduos é utilizado para a gestão de recursos humanos (por exemplo, salários, formação e desenvolvimento do pessoal), veículos, ferramentas e equipamento, manutenção de aterros e licenças.
Figura 5: Orçamento total comparado com o orçamento atribuído nas áreas de estudo em 2014/2015.

(Fonte: Autor)

A importância desta secção é sublinhar o facto de os agregados familiares desempenharem um papel muito importante na cadeia global de resíduos. A afetação de fundos para os serviços de resíduos permite o funcionamento eficaz e eficiente deste sistema. Um orçamento baixo significa que os problemas não podem ser resolvidos a tempo. O investimento em recursos como o desenvolvimento do pessoal através da oferta de oportunidades de formação, a manutenção de veículos e equipamentos, a aquisição de novos equipamentos e instalações, a contratação de pessoal qualificado e experiente e o lançamento de programas adequados de minimização de resíduos não podem ser efectuados. Orçamentos mais baixos para os serviços de resíduos têm um impacto na minimização de resíduos, porque os recursos não podem ser efetivamente deslocados ou transferidos.

1.2 Condicionalismos institucionais

A figura 6 mostra o atual organigrama das direcções de gestão de resíduos, que se inserem nas estruturas dos serviços municipais. Esta estrutura é composta por serviços municipais (por exemplo, serviços de biblioteca e serviços de parques e recreio), serviços de gestão de resíduos e serviços de segurança rodoviária. Os constrangimentos residem nos canais de comando e controlo em que as direcções de gestão de resíduos devem reportar ao diretor geral ou ao gestor dos serviços municipais. Assim, os desafios surgem quando se trata de obter um apoio adequado sob a forma de recursos para os serviços de gestão de resíduos.

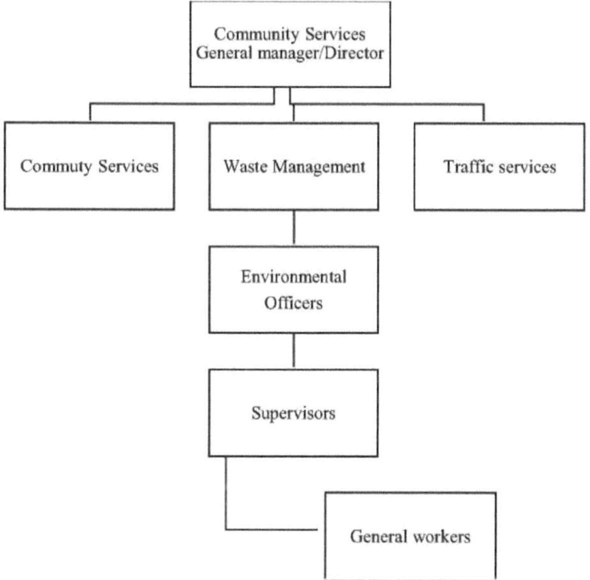

Figura 6: Organograma das direcções de gestão de resíduos (fonte: autor)

A importância desta secção reside no facto de apresentar uma panorâmica do atual organigrama dos sistemas de informação e gestão das direcções responsáveis pelos resíduos. As limitações de um organigrama deste tipo são o facto de a comunicação não ser feita a especialistas. Consequentemente, os problemas não podem ser abordados e resolvidos de forma satisfatória. É normalmente o que acontece quando os quadros superiores e os executivos não possuem as competências e a compreensão necessárias para lidar com desafios relacionados com um ambiente diferente daquele com que estão familiarizados. Muitas vezes, os papéis e funções dos diferentes departamentos relacionados com a gestão de resíduos não estão claramente definidos, nem existe uma pessoa ou comissão responsável pela coordenação dos seus projectos e actividades. É também de salientar que a legislação só é eficaz se for aplicada. Por conseguinte, o desenvolvimento sustentável da gestão de resíduos exige uma legislação abrangente que evite a sobreposição de responsabilidades, preencha as lacunas nas principais funções regulamentares e seja exequível.

Condicionalismos económicos

O desenvolvimento económico e industrial desempenha um papel fundamental na gestão dos resíduos sólidos. É óbvio que uma economia mais forte cria um melhor clima financeiro para fornecer recursos para uma gestão sustentável dos resíduos. No entanto, as cidades secundárias têm uma base económica fraca e, por conseguinte, recursos insuficientes para o desenvolvimento sustentável dos sistemas de gestão de resíduos. A indústria local poderia ser incentivada a produzir equipamento e veículos de gestão de resíduos de custo relativamente baixo para reduzir, e em alguns casos eliminar, a necessidade de importar equipamento estrangeiro dispendioso para a gestão de resíduos (Walker, 2004). Essa indústria local pode também fornecer as peças sobresselentes associadas, cuja falta é frequentemente responsável por serviços de recolha e eliminação de resíduos irregulares e inadequados. Contudo, nas cidades secundárias, a ausência de uma indústria que produza equipamento e peças sobressalentes para a eliminação de resíduos e a limitação de divisas para importar esse equipamento e peças sobressalentes são a regra e não a exceção. A reciclagem de resíduos é influenciada pela disponibilidade de indústrias para aceitar e processar materiais reciclados. Por exemplo, a reciclagem de resíduos de papel só é possível se houver uma fábrica de papel nas proximidades, para a qual o transporte de resíduos de papel seja económico. A fraca base industrial para as actividades de reciclagem é um obstáculo geral à melhoria da gestão dos resíduos sólidos nos países em desenvolvimento (Hanson, 2014).

Condicionalismos sociais

O estatuto social dos trabalhadores do sector da gestão de resíduos é geralmente baixo, tanto nas cidades secundárias como nos centros urbanos. O trabalho que envolve o manuseamento de resíduos ou materiais indesejados é visto de forma negativa. As pessoas que trabalham neste sector tendem a ter uma reputação baixa devido ao seu trabalho. Devido à insuficiência dos recursos disponíveis na administração local, os projectos de cooperação tentam frequentemente mobilizar os recursos da comunidade e desenvolver actividades de autoajuda. Os resultados destes projectos de cooperação são uma mistura de sucesso e fracasso. Nos projectos fracassados com comunidades inactivas, as pessoas da comunidade não receberam geralmente incentivos económicos nem sociais para participarem nas actividades. O incentivo social baseia-se na responsabilidade do indivíduo, enquanto parte da comunidade, de melhorar a comunidade e é criado através de programas de sensibilização do público e de educação escolar (StatsSA, 2011). A falta de sensibilização do público e de educação sobre a importância de uma gestão adequada dos resíduos para a saúde e o bem-estar das pessoas limita severamente a aplicação de abordagens baseadas na comunidade nos países em desenvolvimento. Os catadores de lixo são comuns em aterros sanitários, estações de transferência e caixotes do lixo na rua. As pessoas que aí trabalham não receberam qualquer educação ou formação profissional para adquirirem os conhecimentos e competências necessários para outros empregos. São também afectadas pelas limitadas oportunidades de emprego no sector formal. A existência de recolhedores constitui frequentemente um obstáculo ao funcionamento dos serviços de recolha e eliminação de resíduos. No entanto, se forem devidamente organizadas, as suas actividades podem ser eficazmente integradas num sistema de reciclagem de resíduos. Esta abordagem oportunista é necessária para o desenvolvimento sustentável dos programas de gestão de resíduos sólidos nos países em desenvolvimento (Renou, 2014).

Fator externo de resíduos - restrições

Os factores externos têm um impacto nos sistemas de gestão de resíduos. Os factores externos são os problemas que surgem fora das actividades institucionais da administração local, como mostra a Figura 7.

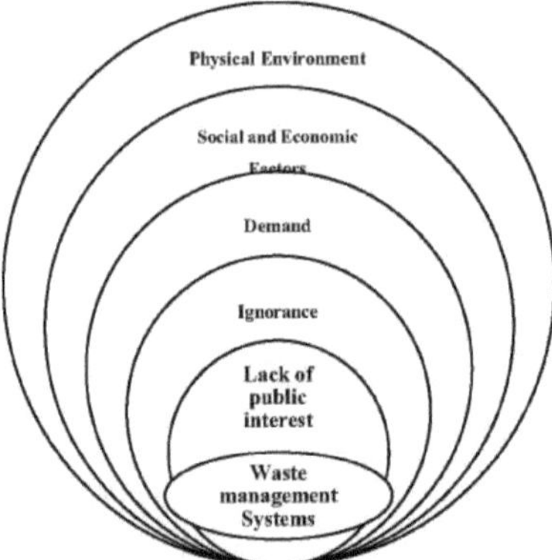

Figura 7: Factores externos que influenciam o sistema de resíduos (Fonte: SAWIC, 2013)

a. Interesse público

O interesse é um dos factores fundamentais que motivam os indivíduos a agir e a perseguir determinados objectivos. A falta de interesse do público na gestão de resíduos significa uma falta de vontade de cumprir os regulamentos municipais de gestão de resíduos (Spengel, 2014). As pessoas que não têm interesse tendem a ser muito negativas e a ter desculpas para não participarem em campanhas de sensibilização para os resíduos. As pessoas interessadas tendem a ser positivas e a dedicar-se à sensibilização para os resíduos com grande zelo e energia. Verificou-se que a maioria das pessoas na área de estudo não tem qualquer interesse nos resíduos. Isto foi demonstrado pelo facto de o programa educativo de prevenção de resíduos ter tido pouca participação. Os organizadores do município de Welkom esperavam a participação de cerca de 200 pessoas, mas apenas 50 compareceram (SAWIS, 2013). Também foi observado que os municípios não dão ênfase suficiente à minimização de resíduos.

b. Ignorância

O nível de ignorância das pessoas sobre a minimização de resíduos, o conceito de reutilização, redução e reciclagem é muito desencorajador. Existe uma consciência básica sobre a eliminação e a gestão dos resíduos, mas há uma falta de adesão a estes conceitos. Por exemplo, em certos locais há sinais oficiais que dizem claramente "Não despeje - os infractores serão processados" (SAWIC, 2013). No entanto, o lixo continua a ser depositado nesses locais. Embora haja uma falta de sensibilização entre as pessoas nas áreas selecionadas, estão a ser feitos esforços a nível nacional para minimizar os resíduos e reciclar. A ignorância é um fator muito crítico porque, mesmo que sejam disponibilizados fundos para a sensibilização, a ignorância não mudará nada.

c. Procura

Os factores específicos que influenciam o desempenho do sistema incluem a procura de uma determinada medida e a resposta do sistema a essa procura. O crescimento urbano está a ultrapassar a capacidade municipal e este é um dos principais problemas que conduzem a uma gestão inadequada dos resíduos (Shen, 2013). A obtenção de um nível de serviço equitativo para as comunidades anteriormente desfavorecidas também é registada como um problema persistente. Por conseguinte, a procura de serviços de resíduos excede largamente a capacidade de prestação de serviços devido ao crescimento demográfico.

d. Estatuto social e económico

Os esforços para fornecer serviços de resíduos às comunidades dependem do seu estatuto social e económico. Em Klerksdorp e Witbank, por exemplo, observou-se que os bairros mais ricos são os preferidos. Nestes bairros, quase não há problemas com a recolha de resíduos. Em contrapartida, nas zonas de Welkom e Carletonville, verificou-se que as comunidades mais pobres têm menos prioridade. Nestas comunidades, há um atraso recorrente e uma acumulação de resíduos nas suas zonas.

e. Ambiente físico

Se não houver recolha de resíduos numa determinada zona, os residentes tendem a dirigir-se ao espaço aberto mais próximo e a depositar aí os seus resíduos. Desta forma, em muitas zonas, ocorre o despejo ilegal. Na zona de Henneman, observou-se que a falta de serviços do Departamento de Gestão de Resíduos conduziu a descargas ilegais esporádicas. Em Klerksdorp, os resíduos são também depositados ilegalmente no terreno disponível mais próximo. Os resíduos de jardim e os entulhos de construção constituem normalmente a maioria dos resíduos ilegais nestas zonas.

Capítulo 5 Conclusão

De acordo com as taxas de recolha semanal de resíduos acima apresentadas, a recolha de resíduos nos municípios das zonas selecionadas é, em geral, eficaz. No entanto, existem também estrangulamentos na prestação de serviços nas mesmas zonas. Nenhum dos municípios pode demonstrar um desempenho de 100 por cento devido a várias ineficiências e restrições de custos. As causas destas ineficiências e restrições de custos devem ser abordadas. A recolha de resíduos deve ser mais investigada nos municípios mais pequenos e nas terras agrícolas, a fim de examinar sistemas sustentáveis de eliminação de resíduos que possam ser aplicados nesses municípios onde a eliminação de resíduos não é viável. Os municípios fazem poucos ou nenhuns esforços para reduzir ou reciclar os resíduos. Existem centros de reciclagem em alguns aterros sanitários, mas não são utilizados. No entanto, há necessidade de centros de reciclagem, tendo em conta o grande número de colectores de resíduos nos aterros. Devido às longas distâncias até aos aterros nos municípios, o transporte de resíduos é um problema e, no passado, os resíduos não eram transportados a longas distâncias. Na maioria dos casos, os veículos de transporte não estão em boas condições e precisam de ser reparados ou substituídos. Por conseguinte, existem poucos aterros, muitas vezes ineficazes, em cada cidade. Dado que os recursos necessários para gerir os aterros aumentaram com a crescente consciencialização do público e as alterações legislativas, estes recursos devem ser revistos para maximizar a eficiência da eliminação de resíduos. Embora os países industrializados produzam maiores quantidades de resíduos per capita, estes países desenvolveram instalações adequadas apoiadas por abordagens eficazes com instituições e estruturas governamentais competentes para a gestão de resíduos. A África do Sul ainda está em transição para uma melhor gestão de resíduos, mas atualmente dispõe de instalações de recolha inadequadas e métodos de eliminação de resíduos impróprios (Manning, 2013). O crescimento da população urbana e a expansão da economia, que conduzem a um aumento da produção de resíduos, estão a exercer uma pressão crescente sobre o sistema de gestão de resíduos. A complexidade do fluxo de resíduos também aumentou devido à urbanização e à industrialização. Isto tem um impacto direto na complexidade da gestão de resíduos, que é exacerbada pela prática comum de misturar resíduos perigosos com resíduos gerais. Existe um atraso histórico na eliminação de resíduos, especialmente nos aglomerados informais, nos bairros de baixo custo e na periferia urbana. Embora 61% de todos os agregados familiares sul-africanos tivessem acesso à recolha de resíduos domésticos em 2007, este acesso continua a ser fortemente distorcido a favor das comunidades mais ricas (Oelofse, 2011). Os serviços de resíduos inadequados conduzem a condições de vida desagradáveis e a um ambiente poluído e insalubre. O conhecimento dos principais fluxos de resíduos e do balanço nacional de resíduos é limitado, uma vez que a comunicação de dados sobre resíduos não era obrigatória até há pouco tempo. Quando existem dados sobre os resíduos, estes são frequentemente pouco fiáveis, o que os torna de utilidade limitada para o planeamento e a tomada de decisões. Ainda hoje, existe um ambiente político e jurídico que não promove ativamente a minimização dos resíduos ao longo da cadeia de resíduos (Oscar, 2012). Esta situação limitou o potencial económico do sector da gestão de resíduos, que tem um volume de negócios estimado em cerca de 10 mil milhões de rupias por ano (Godfrey e Scott, 2010). Tanto o sector da recolha de resíduos como o da reciclagem contribuem de forma significativa para a criação de emprego e para o PIB, e podem continuar a expandir-se. Esta situação é agravada pela falta de infra-estruturas de reciclagem que permitam a separação dos resíduos na fonte e o desvio dos fluxos de resíduos para instalações de recuperação de materiais e de recompra. A infraestrutura envelhecida de gestão de resíduos está também a sofrer uma pressão crescente à medida que o nível de investimento de capital e a manutenção de rotina diminuem.

A gestão de resíduos sofre de uma subavaliação generalizada, o que significa que os custos da gestão de resíduos não são totalmente apreciados pelos consumidores e pela indústria e que a eliminação de resíduos é favorecida em detrimento de outras opções (Oelofse, 2012). Com poucas opções de tratamento de resíduos disponíveis, a única opção mais económica é a deposição em aterro. Para piorar a situação, há muito poucos aterros e instalações adequados para a eliminação de resíduos perigosos. Este facto dificulta a eliminação segura de todos os fluxos de resíduos. A Associação do Governo Local da África do Sul estima que, embora existam mais de 2012 instalações de tratamento de resíduos, um número significativo destas não está autorizado (SALGA, 2013). Atualmente, a África do Sul utiliza uma abordagem de gestão de resíduos do tipo "pipe-end", em que o resultado final dos resíduos é a deposição em aterro. As limitações desta abordagem são amplamente reconhecidas como ineficientes e ineficazes (Mudau et al., 2013). É necessário um modelo adequado que resolva o problema do aumento contínuo da produção de resíduos e esse modelo ainda não foi apresentado. O compromisso da África do Sul com o desenvolvimento sustentável visa equilibrar os desafios económicos e sociais mais amplos de uma sociedade em evolução e desigual, protegendo simultaneamente os seus recursos ambientais (Oelofse, 2012). A atual abordagem dos municípios de eliminar os resíduos em condutas não é eficiente, uma vez que cada vez mais resíduos acabam em aterros e não cumprem os requisitos de minimização de resíduos. Os resultados desta investigação destinam-se a um vasto público de indivíduos, grupos e organizações, municípios e instituições interessados na minimização de resíduos enquanto utilizadores de serviços, fornecedores, intermediários e reguladores. Os governos a nível nacional, provincial e local são responsáveis por fornecer o quadro institucional e jurídico e por assegurar que os governos locais têm os poderes, a autoridade e a capacidade necessários para uma minimização eficaz dos resíduos. Para ajudar os governos locais a cumprirem as suas responsabilidades, os governos provinciais e nacionais devem fornecer orientações e medidas de reforço das capacidades nos domínios da administração, finanças, tecnologia e gestão ambiental. As autoridades locais são geralmente responsáveis pela prestação de serviços de recolha e eliminação de resíduos sólidos. Tornam-se os proprietários legais dos resíduos quando estes são recolhidos ou disponibilizados para recolha. A responsabilidade pela minimização dos resíduos deve, por conseguinte, ser estabelecida em estatutos e regulamentos e pode ser derivada, de uma forma mais geral, de objectivos políticos relacionados com a saúde e a proteção do ambiente. O sector privado formal inclui um amplo espetro de tipos de empresas, desde microempresas informais a grandes empresas comerciais. Como potenciais prestadores de serviços, as empresas privadas estão principalmente interessadas em obter um retorno do seu investimento, oferecendo a minimização de resíduos através da recolha, transporte, tratamento, reciclagem e eliminação de resíduos. Através de várias formas de parcerias com o sector público, podem fornecer capital, capacidade de gestão e de organização, mão de obra e competências técnicas (Karani e Jewasikiewitz, 2011). Devido à sua orientação para o lucro, as empresas privadas podem prestar serviços de forma mais eficaz e a custos mais baixos do que o sector público, em condições adequadas. No entanto, a participação do sector privado não é, por si só, uma garantia de eficiência e de baixos custos. Os problemas surgem quando a privatização é mal concebida e regulamentada e, sobretudo, quando não há concorrência entre os prestadores de serviços. Outros utilizadores de serviços, incluindo pequenas e grandes empresas e instituições industriais e comerciais, também estão interessados numa minimização de resíduos fiável e a preços acessíveis. As organizações comerciais estão particularmente interessadas em evitar a poluição relacionada com os resíduos que possa causar incómodo aos seus clientes. As empresas industriais podem ter um forte interesse em reduzir a produção de resíduos e desempenhar um papel ativo na gestão da recolha, tratamento e eliminação de resíduos em colaboração com agências governamentais e empresas privadas especializadas (Hovde et al., 2010). As organizações não governamentais (ONG) operam entre os sectores público e privado. As ONG que surgem fora das comunidades em que operam são motivadas principalmente por preocupações humanitárias e de desenvolvimento e não por um interesse em melhorar os serviços para os seus próprios membros. A criação de emprego significativo para os seus membros também pode ser uma motivação para a criação de ONG (Oelofse, 2012). Esta obra destina-se também a universidades, grupos de reflexão e centros de investigação públicos e privados que poderão utilizá-la como fonte de referência ou como estímulo para os seus próprios projectos de investigação.

Referência

Bingemer, H.G. & Crutzen, P.J., (2011). A produção de CH4 a partir de resíduos sólidos. Journal of Geophysical Research, 92, D2, 2182-2187.

Departamento de Assuntos Ambientais (DEA), 2014. sistemas de gestão de resíduos nos municípios locais, Pretória.

Hanson, D.L & Caponi, F.R. (2013): US Landfill Disposal the big picture, The Journal for Municipal Waste professionsal, 32.4 pp 297-336.

Hunga, M., (2009). Um novo modelo de tomada de decisão sustentável para a gestão de resíduos sólidos urbanos. Gestão de Resíduos, 27, 2, 2007, pp. 209-219.

Jackson, T.Y., (2005). "Municipal Waste Management: Recycling and Landfill Space Constraints" Journal of Urban Economics, 2005, 41, pp. 118-136.

Kinnaman, T.C., (2013). Eliminação e reciclagem de resíduos, Journal of Environmental Sciences and Management, 3, 1, 109-113.

Manning, D.A., (2013). Eliminação de resíduos em terrenos municipais, Journal of Earth Sciences and Systems, 247-252.

McDougal, A.L., (2011). East-Cost Scheduling of Solid Waste Recycling", Journal of Environmental Engineering, ASCE, fevereiro, 2011, pp.182-197.

Lei NEMA, Lei Nacional de Gestão Ambiental, Lei 108 de 2002, Pretória. República da África do Sul.

Oelofse S, e Gofrey L (2012). Melhorar a gestão de resíduos através de um processo de aprendizagem: o sistema sul-africano de informação sobre resíduos, Pretória, África do Sul.

Renou, S. (2014): Tratamento de lixiviados de aterros sanitários: visão geral e opções. Journal of Hazardous Materials. 150: pp. 468-493.

SAWIC, (2013). Centro de Informação sobre Resíduos da África do Sul, Departamento de Assuntos Ambientais.

SAWIS, (2013). Serviços de Informação sobre Resíduos da África do Sul. Departamento de Assuntos Ambientais.

Shen, L.Y.. & Tam, W.Y.V., (2013). Implementação da gestão ambiental na indústria da construção em Hong Kong. Jornal Internacional de Gestão de Projectos 20 (7), 535-543.

Spengel, D.B. (2014). Tratamento de lixiviados de aterros sanitários com empreiteiros biológicos rotativos: experiências à escala de bancada. Jornal de Investigação da Federação de Controlo da Poluição da Água: 63(7) pp. 971.

Statistics South Africa, (2011). Censo Geral da População 2011, Pretória. República da África do Sul

Tam, W.Y.V., Gao, X.F. & Tam, C.M., (2013): Análise microestrutural do betão de agregados reciclados produzido a partir de uma abordagem de mistura em duas fases. Cimento e betão. Research 35 (6), 1195-1203.

Walker, S., Colman, R., Wilson, J., Monette, A., & Harley, G., (2004). The Nova Scotia GPI solid waste-resource accounts, New York City Press, Nova Iorque.

Wilson, P. L. (2010). Reciclagem de resíduos sólidos domésticos inorgânicos: Resultados de um estudo-piloto na cidade de Dares Salaam, Tanzânia. Resources Conservation and Recycling, 35, pp. 243-257.

Índice

RESUMO 1
CAPÍTULO 1 2
CAPÍTULO 2 10
CAPÍTULO 3 35
CAPÍTULO 4 38
CAPÍTULO 5 51
REFERÊNCIA 56

Printed by Books on Demand GmbH, Norderstedt / Germany